沙永玲 / 主编　　陈文炳 / 著　　胡瑞娟 / 绘

数学可以这样学 IV

数学摩天轮

电子工业出版社
Publishing House of Electronics Industry
北京·BEIJING

当数学变得有趣，能力自然提升

陈文炳

　　长久以来，数学教学最令人诟病的是"学这么多，算这么多，除了应付考试之外，一点乐趣及用处都没有"。的确，这样的情形，不仅让教师、家长感到无奈，也让孩子感到无趣，渐渐地，孩子学习数学的兴趣与信心慢慢消减，而老师也只能感叹孩子的数学能力一年不如一年，任凭这样的情况一再恶化，却也束手无策。

　　鉴于此，笔者本着对数学教育的热爱及个人多年的教学经验，将中年级学生应学习的内容融会贯通后，依据该年级学生的掌握程度，整理归纳相关知识，由浅入深地编排，且将数学概念与生活相结合，相信只要孩子有心学习，在本书的引导下，数学水平及解决问题的能力必能大幅提升。

　　本书共有6个单元，每个单元都包含以下5部分。

　　依据单元主题，搭配古今中外大家耳熟能详的故事或知识来引起孩子学习的兴趣，让孩子以看故事的心情，轻松地进入数学世界。

　　"现在就出发"将故事或知识延伸，以文中所遇到的问题，进一步将数学概念与该问题结合。

三

"数学好好玩"根据单元主题，设计生活情境，借此引导孩子将本单元的数学概念融入日常生活中，达到学以致用的目的。

四

"遇到大考验"提供更多有关该单元的数学问题，让孩子学的知识能得到应用。这一部分的题目较难、较灵活，也具有挑战性，建议家长或老师陪伴或引导孩子学习。

五

"终点加油站"将单元中相关的知识贯穿起来，使孩子在学习该单元内容遇到困难时，能立即知道如何找回旧经验；倘若学习该单元内容得心应手，也能在学习之后，知道下一步可以进阶哪些内容。

此外，在6个单元之后，进阶篇"手脑并用，熟能生巧"提供了一些练习题，让孩子通过习题的练习，在短时间内，熟悉及理清该单元的概念，并强化应有的基本数学演算能力。

最后，衷心期盼这本书能让孩子学得快乐、有意义，教师能活化教材内容，家长也能同步成长，为培养孩子的数学能力略尽心力。

你贴心的数学朋友

陈文炳

故事常常可以丰富你的生活，也能为你提供很多为人处事的经验和意想不到的惊喜，有这么多好处，相信你一定很喜欢听故事。

然而，若问是否喜欢学数学，相信喜欢学数学的人一定比喜欢听故事的人少很多。其实，数学并没有你想象中那么可怕，更不是那么乏味、无趣，只要你有心学习，并且善用这本书，不久之后，你的数学成绩不仅能大幅提升，更能让数学和你像朋友一样亲密。

这本书共有6个单元，每个单元都包含以下5个部分。

第一部分是一个有趣的故事或知识，让你先放松心情，轻松进入数学世界。

第二部分是"现在就出发"，对故事的内容提出一些问题，轻松作答。

第三部分是"数学好好玩"，它配合单元主题，设计生活情境，让你如名侦探柯南般身临其境，解决相关的数学问题，大显身手，学以致用。

第四部分是"遇到大考验"，这一部分题目较难、较灵活，也较具挑战性，若能过关，相信你一定能从中享受学习数学的乐趣及成就感。

"终点加油站"是本书的第五部分，这部分让你清楚了解本单元数学概念的"前世"与"未来"，建立连贯性。

在6个单元之后，进阶篇"手脑并用，熟能生巧"则提供了一些练习题，你只要用心练习，就一定能具备应有的数学能力，奠定良好的数学基础。

"成功垂青于努力的人""天才不是偶然出现的，只有努力才能成为天才""不要去羡慕别人有多行""不怕慢，只怕站"，只要你够努力、能坚持，数学将不再是你心中的"小怪物"，而是你贴心的"好朋友"。

目录 CONTENT

当数学变得有趣，能力自然提升　04

你贴心的数学朋友　06

1. 西撒故事的启示　10

2. 计中计　16

3. 神童称大象　24

4. 嫦娥奔月　32

5. 比萨斜塔　40

6. 廖县长与司马县长　46

进阶篇：手脑并用，熟能生巧　54

参考解答　77

西撒故事的启示

大数的认识：
读写、大小比较
与改写

很久很久以前，在印度流传着这样一个传说。

印度国王谢拉姆非常喜欢64格的西洋棋，因此决定重赏发明人西撒。有一天，国王召见西撒，问他需要什么，想要借此机会好好奖赏他。西撒告诉国王，他只需要两样东西：一样是西洋棋盘，另一样是小麦。小麦的数量按照以下规则来排列：在棋盘的第一格内放1粒小麦，在第二格内放2粒小麦，在第三格内放4粒小麦……每一格的小麦数量都是前一格小麦数量的2倍，直到第64格放满小麦就可以了。

国王听了西撒的要求后，认为棋盘只有64格，满足西撒所需的小麦数目应该不多，便答应了他的请求。于是，国王召来仆人，吩咐按照西撒的要求准备，要将小麦全数赏给西撒。但是，不久之后，这位仆人慌慌张张地跑来，告诉国王仓库里的小麦已经不够赏赐给西撒了，而且就算收集国内所有的小麦也不够赏赐给他。国王听完，吓了一大跳，急忙召来宫廷里的数学家，花了好久的时间，才计算出放满64格所需要的小麦，总数竟然高达18446744073709551615粒，国王了解这个事实后，相当后悔当时的草率决定。

10 · 数学摩天轮

★ 算算看，18446744073709551615这个数有多大？选出正确答案。

❶ 比 1 亿小很多很多

❷ 比 1 亿小一些

❸ 接近 1 亿

❹ 比 1 亿大一些

❺ 比 1 亿大很多很多

答：（　　　）

 数学好好玩

近来诈骗事件频发，花招百出，许多人深受其害，引起政府部门的高度重视。下面这个故事值得我们引以为戒。

有一天，东东放学回家，在路上遇到一位老伯伯和一个年轻人，两人有以下对话。

年轻人说："老伯伯，在20天内，我每天都送您1万元，而您只要第一天给我1元，第二天给我2元，第三天给我4元，也就是每天给我的钱数都是前一天的2倍，依此规则连续给我20天就可以了。"

老伯伯一听每天只要给一些钱就可以获得1万元，相当高兴，就告诉年轻人说："好，就这么办！"当他正要与年轻人达成协议，签订协约时，却被东东给阻止了。经过东东一番说明，老伯伯终于明白了自己差一点就因为贪婪而被骗。

小朋友，你想知道东东是如何说服老伯伯的吗？"数学好好玩"的时间到了，拿起笔来一起算算看，就能了解哦！

❶ 如果年轻人每天给老伯伯1万元，连续20天，一共要给老伯伯多少元？这个数怎么读？

❷ 第一天给1元，第二天给2元，第三天给4元……也就是每天给的钱数都是前一天的2倍，根据这样的规则算算看，老伯伯在这20天当中，每天给年轻人的金额分别是多少元？

第1天：		1元	第5天：	8×2=	16元
第2天：	1×2=	2元	第6天：	16×2=	32元
第3天：	2×2=	4元	第7天：	×2=	元
第4天：	4×2=	8元	第8天：	×2=	元

第9天：　　　×2＝　　元 ┊ 第15天：　　　×2＝　　元
第10天：　　　×2＝　　元 ┊ 第16天：　　　×2＝　　元
第11天：　　　×2＝　　元 ┊ 第17天：　　　×2＝　　元
第12天：　　　×2＝　　元 ┊ 第18天：　　　×2＝　　元
第13天：　　　×2＝　　元 ┊ 第19天：　　　×2＝　　元
第14天：　　　×2＝　　元 ┊ 第20天：　　　×2＝　　元

❸ 老伯伯从第几天开始，给年轻人的钱会比1万元还要多？

❹ 老伯伯在第20天这一天所付的钱，比年轻人每天给他1万元、连续给20天的总数多出多少元？这个数怎么读？

⑤ 如果老伯伯真的和年轻人签订协约，那么老伯伯在这20天中一共要付多少元给年轻人？这个数怎么读？老伯伯在这次协约中共损失多少元？（提示：1+2+4+8+16+32+64+…+524288=1048575）

 遇到大考验

① 若妈妈给你零用钱，第一天给1元，第二天给2元，第三天给4元，第四天给8元……以此类推，也就是每天的零用钱是前一天的2倍。请问：从第一天到第几天，你拿到的零用钱加起来的总数就会超过1万元？

② 从第几天开始，你每天会拿到超过 1 亿元的零用钱？

> 提示： 第 21 天：　　524288 × 2 ＝　　1048576 元
>
> 第 22 天：　　1048576 × 2 ＝　　2097152 元
>
> 第 23 天：　　2097152 × 2 ＝　　4194304 元
>
> 第 24 天：　　4194304 × 2 ＝　　8388608 元
>
> 第 25 天：　　8388608 × 2 ＝　16777216 元
>
> 第 26 天：　16777216 × 2 ＝　33554432 元
>
> 第 27 天：　33554432 × 2 ＝　67108864 元
>
> 第 28 天：　67108864 × 2 ＝ 134217728 元

③ 你在第 25 天这一天拿到的零用钱是多少元？

如果你觉得这个单元的知识学习起来有点困难，甚至难如登天，没关系，欢迎来这里加加油！花点时间复习以下概念，再继续前进！

★ "倍"的概念、乘法的定义

★ 竖式乘法解题

★ 10 万以内的数

终点加油站

如果你觉得这个单元的知识学习起来真是小意思，轻轻松松就能过关，那么加油站全体员工恭喜你！以下概念是你进阶挑战的参考目标！

★ 亿以上的数

 计中计

森林中原本一片祥和，动物们也都相处融洽，有如生活在快乐的天堂。

但是有一天，森林里来了几只凶猛的狮子，他们横行霸道，占据地盘，并且发布一则通告：

"凡是经过这个地区的动物，都必须将身上所带的东西留下一半，以孝敬狮王，没留下东西者，一律捉起来充当狮王的食物。"

自从有了这则通告，动物们很紧张，大家都敢怒不敢言，并且绕道而行，不敢经过这个地区，以免被剥削或被当成狮王的食物。

住在外地的小白兔和他的兄弟姐妹带了一些胡萝卜，想趁过年的时候回家看望父母。当他们快走到这个地区时，看到了狮子的通告，小白兔仔细盘算了一下，发现实在太不合理，于是他臭骂这些狮子简直就像吸血鬼一样可恶。

为了保住性命和胡萝卜，小白兔化被动为主动，来到狮王面前，对狮王说："亲爱的大王，我很乐意将我的东西的一半和您分享，但是，大王您的爱心

留下买路财

是全森林有名的，所有的动物都知道您很仁慈，因此，如果我们孝敬您，您也能对我们有所回馈，那么将会赢得更多动物对您的尊敬和崇拜。"

狮王受到小白兔如此称赞，非常高兴，就说："那你要我怎么回馈呢？"

小白兔说："我们给您一半我们的东西，而您只要从我们给您的东西中，还给我们一件就可以了。"

狮王一听，觉得这样的回馈方式实在太简单了，于是马上下令，通知森林中所有的动物：

"经过这个区域者，必须将所带的东西留下一半孝敬狮王，但狮王为了照顾大家、爱护大家、体恤大家，将会从你们给的东西中还一件回去，作为狮王给你们的回馈。"

小白兔听了之后，高兴得不得了，连忙感谢大王的好意，并赶紧回去拿他的胡萝卜。他吩咐兄弟姐妹们，不管是谁，都只能带2根胡萝卜上路，因为这样不但符合大王的指令，也能保住所有的胡萝卜。

❶ 写写看，"所带的东西留下一半"中的"一半"用分数要怎么表示？它是真分数、假分数，还是带分数？

❷ 故事中，为什么每只兔子只带 2 根胡萝卜，就能保住胡萝卜？

数学好好玩

学期即将结束，东东的老师特别选了一个时间来举办班级联欢会，每个学生都准备了许多吃的东西，校长也买来一些比萨、饮料和零食分给学生们吃，大家一边享受美食，一边看精彩的表演，真是一次成功且令人难忘的联欢会。

同学们，你想知道这次联欢会中大家互动的情形吗？"数学好好玩"的时间到了，拿起笔来一起算算看，就能了解哦！

❶ 东东喝了 $1\frac{3}{4}$ 瓶酸梅汁，雨涵喝了 $2\frac{1}{2}$ 瓶酸梅汁，两人一共喝了多少瓶酸梅汁？（以带分数回答）

❷ 第一组学生吃了 $\frac{41}{16}$ 个比萨。

（1）把吃掉的部分涂上颜色。

（2） $\frac{41}{16}$ 是真分数、假分数，还是带分数？

❸东东将一个比萨平均分成6份，其中的1份是（   ）。

❹一包羊乳片有100片。班上的学生提供了$1\frac{63}{100}$包，校长还要再买几包，班上才会有3包羊乳片？

❺一包口香糖有10片。泓钧从家中带来$3\frac{2}{5}$包，佳芬带来$\frac{17}{5}$包，哪一个人带的口香糖比较多？

❻一盒蛋挞有8个，平均分给8人。

（1）每个人可以得到（   ）个蛋挞，也就是一盒蛋挞的（   ）。

（2）5人可以得到（   ）个$\frac{1}{8}$盒蛋挞，也就是一盒蛋挞的（   ）。

（3）6$\frac{3}{8}$盒蛋挞是（　　　　　）盒蛋挞和（　　　　　）个$\frac{1}{8}$盒蛋挞合起来的。

（4）6$\frac{3}{8}$盒有（　　　　　）个蛋挞。

❼ 一包糖果有100颗。第一组吃了2.31包，第二组吃了3.45包，两组加起来共吃掉几包糖果？第二组比第一组多吃了多少颗糖果？

❽ 红茶原来有10.4箱，小朋友喝掉5.8箱后，还剩多少箱？

❾ 一包巧克力有10条。校长第一次买1.6包，第二次买5.7包，第三次要买几包，加起来才会等于12包？

⑩ 一瓶饮料有1000毫升。第一组喝了2.8瓶，第二组喝了3.2瓶，两组一共喝了多少瓶？等于多少毫升？

⑪ 一条吐司有10片。原来有4条，全班吃掉3.2条，把吃掉的部分涂上颜色。

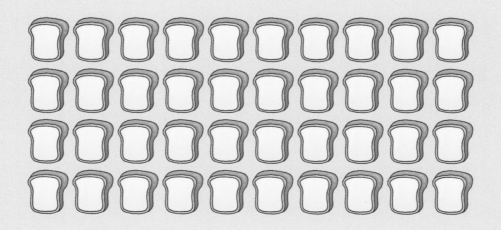

⑫ 东东带了3.6桶果冻，分给班上同学2.9桶后，还剩下多少桶？

遇到大考验

1 做游戏时，一张纸条对折2次后，用尺子量其长度为 $\frac{3}{4}$ 米。请问：这张纸条原来是多少米？

2 甲乙两数之和是 $4\frac{14}{15}$，只知乙数是 $1\frac{11}{15}$，甲数是多少？

3 某商人有11匹马，按照老大分得 $\frac{1}{2}$、老二分得 $\frac{1}{4}$、老三分得 $\frac{1}{6}$ 的方式分给3个儿子。请问：老大、老二和老三各分得几匹马？

如果你觉得这个单元的知识学起来有点困难，甚至难如登天，没关系，欢迎来这里加加油！花点时间复习以下概念，再继续前进！

★ 同分母分数的加减

★ 认识小数

终点加油站

如果你觉得这个单元的知识学习起来真是小意思，轻轻松松就能过关，那么加油站全体员工恭喜你！以下概念是你进阶挑战的参考目标！

★ 约分、通分

★ 异分母分数的加减

★ 分数、小数的乘法、除法

3. 神童称大象

　　东汉末年，孙权用船运来一头大象送给曹操，曹操很想知道这头大象有多重，于是命令手下想办法称出大象的重量。可是，没有人能想出好办法，因为大家的心中都有一个共同的问题，那就是根本找不到能够称这么大东西的秤，而且也没有人有这么大的力气，能把大象搬到秤上去。大家都对着大象发愁，没有人能解决这个难题。

　　就在大家一筹莫展的时候，有个小孩突然跑出来说："我有办法！"虽然大家都感到怀疑，但曹操却同意让小孩试试看。

　　首先，小孩让人把大象牵到船上，然后他在船的边缘画上一条线，记下当大象在船上时，船身入水的深度，等画好记号之后，再让人把大象牵上岸。因为这时候船是空的，没有大象，所以船就会往上升起一些。接着，小孩让人搬石头到船上去，一直搬到使先前所画的那条线与水面同高为止。

　　曹操看到这个情形，满意地笑了，因为他知道小孩解决了难题。众人看了之后，也都称赞小孩相当聪明，因为在那个没有任何工具能称出大象重量的年代，一个年仅6岁的孩子能想出这个方法，实在很不简单。

　　同学们，你们知道故事中的小孩是谁吗？他就是曹操的儿子——曹冲，小小年纪就想到利用浮力、船和石头来称出大象的体重，真是令人佩服！

★ 想想看，为什么曹冲这样做就可以知道大象的重量？在搬完石头之后，接下来要怎么做才能得到大象的重量？

　　★随着时代的进步，各种秤也推陈出新，不仅对大象这样的庞然大物能轻易地称出重量，测量结果也相当精准。

　　故事中的曹冲能想出测量大象重量的方法令人赞赏，但生活在现今科技发达的时代，要知道任何物体的重量，已经不用像曹冲这么大费周折了，只要学会并适当利用各种秤，就能轻易地称出各种东西的重量来。

　　星期日，东东和妈妈一起到菜市场买菜，看到许多人聚集在一起。原来大家谈论的是，市场已经连续好几天出现假钞了，而这些假钞几乎可以乱真，令人头痛不已。

　　有一位卖猪肉的老板为了提醒大家重视这件事，特别提出以下问题，让大家烧烧脑。

　　"我手上有8个铜板，其中有1个是假的，从外表看，这8个铜板没什么两样，只知道假铜板比真铜板重一点，请大家利用最快的方法找出这个假铜板！"一听到这个有趣的问题，东东马上找来天平，只称了两次就找出了假铜板。

　　小朋友，你知道东东是如何做到的吗？"数学好好玩"的时间到了，拿起笔一起算算看，就能了解哦！

◆ 第一次称：从8个铜板中任取6个，在天平的左右两边各放3个。

情况一 若天平是平衡的

情况二 若天平是不平衡的

（1）表示这（　　）个铜板都是真的，而假铜板是在那2个没有拿去称的铜板之中。

（2）表示天平较（　　）的那一边，3个铜板的其中1个就是假铜板。

◆ 第二次称：　　　　　　　情况一 ↓

（1）将没有拿来称的2个铜板，每边各放（　　）个在天平上，此时天平一定不平衡，重量较（　　）的那一边，铜板是假的。

◆ 第二次称：　　　　　　　情况二 ↓

（2）从较重的那一边的3个铜板中，任取（　　）个来称。
a.若天平是（　　）的，则没放到天平上的那个就是假的。
b.若天平是（　　）的，则天平上重量较（　　）的那个铜板就是假的。

众人在听完东东的说明后，相当高兴，很满意这个找出假铜板的方法，于是市场上的伯伯、阿姨们决定送给东东礼物，只要东东正确作答下面的问题，就可以获得礼物。请你也来试试看，和东东一起回答问题拿礼物吧！

（1）（　　）克

（2）（　　）克

（3）（　　）千克

也就是（　　）克

（4）（　　）千克

也就是（　　）克

（5）（　　）千克

也就是（　　）克

（6）（　　）千克

也就是（　　）克

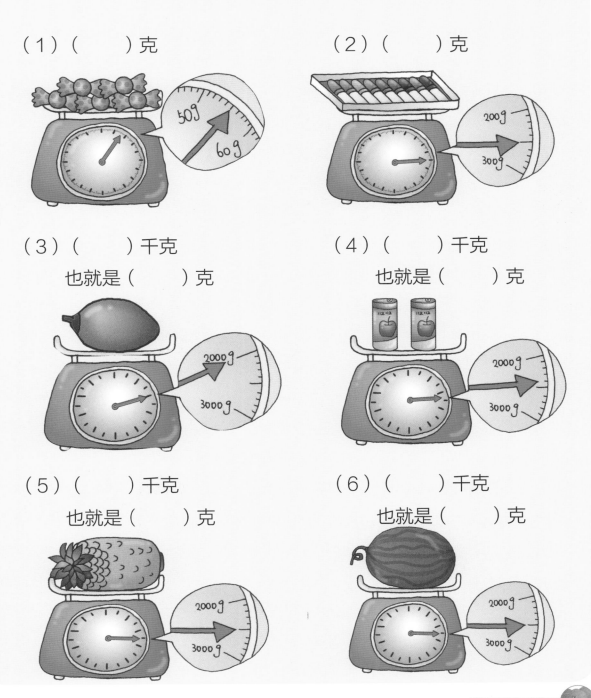

（7）1个西瓜和1个菠萝放在天平上，是否会平衡？

　　　答：（　　　）

（8）1个西瓜和1个椰子合起来，共重（　　　）千克（　　　）克。

（9）1个菠萝比2瓶饮料重（　　　）千克（　　　）克。

（10）50颗糖共重（　　　）克。

（11）6盒彩色笔共重（　　　）克，也就是重（　　　）千克（　　　）克。

（12）1瓶饮料重（　　　）克。

 遇到大考验

　　回答下列问题。

❶（1）6包糖共重（　　　）千克（　　　）克。

　　（2）平均1包糖重（　　　）克。

　　（3）8包糖共重（　　　）千克（　　　）克。

❷ 东东站在体重秤上，请写出他的体重。

　　（1）东东的体重是（　　　）千克（　　　）克。

（2）这个秤一大格是（　　　）千克，一小格是（　　　）克。

（3）1包面粉重400克，东东的体重和（　　　）包面粉的重量一样。

❸ 重108千克的船夫和重81千克的儿子以及重54千克的女儿，3个人想要乘同一艘船渡河，但船最重只能载136千克。请问：他们要如何渡河？（注意：3个人都懂得划船，而且船在河上往返时，船上至少要有3人中的1人。）

船夫

儿子

女儿

如果你觉得这个单元的知识学习起来有点困难，甚至难如登天，没关系，欢迎来这里加加油！花点时间复习以下概念，再继续前进！

终点加油站

如果你觉得这个单元的知识学习起来真是小意思，轻轻松松就能过关，那么加油站全体员工恭喜你！以下概念是你进阶挑战的参考目标！

★ 认识重量，并直接比较
★ 认识秤面的刻度

★ 大的测量单位的认识与计算

 嫦娥奔月

相传在远古时代，天上一共有10个太阳，他们都是玉帝的孩子。按照原来的规定，每天只能有一个太阳在天空中出现，负责照亮大地。但是从某一天开始，这10个太阳竟然每天同时出现在天上，使得大地上的动植物因为受不了酷热而大量死亡，可怜的人们也因此奄奄一息，人人自危。玉帝了解到问题的严重性，为了体恤民间疾苦，特别派遣天神后羿和他的妻子嫦娥，来到人间解决这个难题。

后羿是个能拉开万斤宝弓的勇士，力大无穷，自从来到人间以后，就对这10个太阳目中无人、嚣张逞威的行径深恶痛绝。他决定举起宝弓，教训这些太阳。于是，后羿一口气射下了9个太阳，只留下1个，而剩下的这个太阳，就是现在每天按时升落、温暖大地、尽职又慈祥的太阳公公。

9个太阳被射下以后，大地恢复了往日的繁荣，后羿以为自己立了大功，玉帝一定会很高兴。没想到，玉帝却对后羿射杀他9个孩子感到相当生气，于是，把他和嫦娥都贬到人间。

自从被贬到人间，夫妇俩常常害怕有一天会死去。于是，后羿决定前往昆仑山，请求西王母指点迷津。

西王母对这个为民除害的勇士非常同情，于是送给后羿不死之药，并告诉他，这些药若夫妻两人一起分着吃，便都可以长生不死，但如果全部由一人吃掉，这个人就会飞升成仙。最后，西王母嘱咐后羿要收好这些药，因为她再也没有多余的了。

没想到，在取得不死之药之后，有一天，嫦娥阴差阳错一个人把药全吃了。嫦娥变得身轻如燕，最后竟然飘了起来，飘啊飘啊，越飞越高，飞到了月亮上，定居广寒宫，成为家喻户晓的"月神"。

★ 想想看，若将药捣碎，调配成药水，再倒进量筒里（如下图所示）。

（1）由嫦娥一人全部喝完，是喝了（　　）毫升。

（2）后羿和嫦娥二人一起喝，平均一人可以喝（　　）毫升。

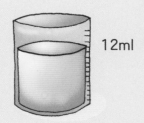

12ml

数学好好玩

　　中秋节前夕，老师为了让大家了解节日的由来，以感受佳节温馨的气氛，特别为班上的学生讲述中秋赏月及月饼的相关故事。东东在听完"嫦娥奔月"的故事之后，对"不死之药"相当感兴趣，于是遍查古今中外各类医药书籍，企图找出药方来。

　　同学们，你想知道东东是如何调配"不死之药"的吗？"数学好好玩"的时间到了，拿起笔来一起算算看，就能了解哦！

1 第一次调配

甲药水　　　　　乙药水　　　　　　　1号药水

4 升 + 2 升 = （　　　）升

= （　　　）毫升

（1）1号药水有（　　　）毫升。

（2）甲药水和乙药水，哪种药水的量较多？ 答：（　　　）药水。

2 第二次调配

丙药水　　　　　丁药水　　　　　　　2号药水

459 毫升 + 1247 毫升 = （　　　）毫升

= （　　　）升（　　　）毫升

（1）2号药水有（　　　）升（　　　）毫升。

（2）丙药水和丁药水，哪种药水的量较多？ 答：（　　　）药水

❸ 第三次调配

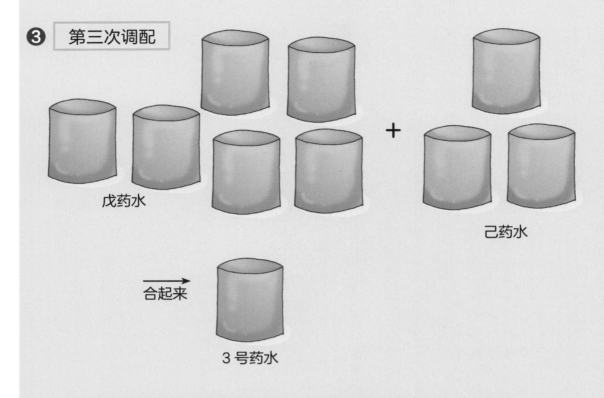

戊药水

己药水

合起来 → 3 号药水

（1）1瓶戊药水是325毫升，6瓶戊药水是（　　　）毫升。

（2）1瓶己药水是250毫升，3瓶己药水是（　　　）毫升。

（3）3号药水有（　　　）毫升，也就是（　　　）升。

❹ 第四次调配

1 号药水 + 2 号药水 —混合过程中因为产生气体而减少 3 升→ 4 号药水

（　　）毫升 +（　　）毫升 -（　　）毫升

=（　　）毫升。

4 号药水有（　　）毫升。

❺ 第五次调配

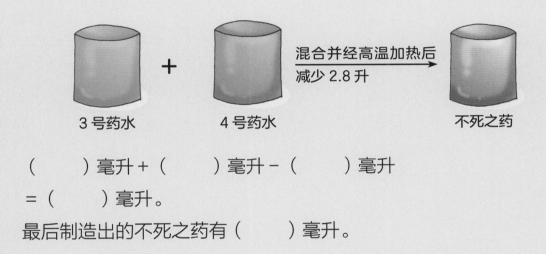

3 号药水　　　　　　4 号药水　　　混合并经高温加热后减少 2.8 升　　　不死之药

（　　）毫升 +（　　）毫升 -（　　）毫升

=（　　）毫升。

最后制造出的不死之药有（　　）毫升。

❻ 分装保存

将调配出来的不死之药，每2毫升装1瓶，最多可以装（　　）瓶，

剩下（　　）毫升。

❶ 东东为了感谢几位好友在调配"不死之药"时的协助，特别买了24瓶容量450毫升的饮料来请这些朋友喝。请问：

（1）这24瓶饮料合起来共多少升？

（2）雨涵拿了4瓶饮料，峻霖拿了2瓶饮料，雨涵的饮料比峻霖的多多少毫升？

❷ 星期日，东东邀请好友到家里来玩，妈妈煮了一大壶红茶请他们喝，这壶红茶倒在容量为300毫升的杯子中，正好倒满20杯。请问：这壶红茶共有多少毫升？也就是多少升？

❸ 如何利用下面的两个量筒，量出1升的水？

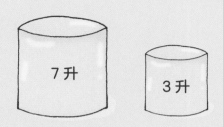

7升

3升

终点加油站

如果你觉得这个单元的知识学习起来有点困难，甚至难如登天，没关系，欢迎来这里加加油！花点时间复习以下概念，再继续前进！

★ 认识容量，并直接做比较
★ 容量刻度单位的认识

如果你觉得这个单元的知识学习起来真是小意思，轻轻松松就能过关，那么加油站全体员工恭喜你！以下概念是你进阶挑战的参考目标！

★ 大的测量单位的认识与计算

5. 比萨斜塔

意大利的比萨斜塔是世界著名的建筑奇景之一,很多观光客都慕名而来,想要一探究竟。然而这座塔为何如此远近闻名呢?原来,它的名气主要来自它惊人的斜度。那么它是从什么时候开始倾斜的呢?据传,它的倾斜几乎是从建造的时候就开始了,而且以每年1毫米的速度倾斜,至今已有八百多年的历史。

这座塔建于1173年,塔高54.5米,当初盖到第一层高的时候,由于地基不够稳固及地层下陷的关系,建筑物就开始倾斜。当时曾有很多人设法修正塔的斜度,由于工程十分艰巨,一直到14世纪,经过测量计算,证实该塔虽然倾斜,但是没有倒塌的危险,才按照原来的蓝图继续施工,完成斜塔的建造工程。

比萨斜塔是罗马式的圆形建筑,用纯白色的大理石堆砌而成,一共有8层,还有两百多级阶梯建于斜塔外侧,游客由此登上塔顶或各层环廊,可尽览比萨城区的风光。比萨斜塔从二楼以上开始有柱子围绕在它的四周,形成一个一个的拱门形状,据说这是比萨地区建筑的特征之一。如果有机会,你不妨到这里走走,一睹这闻名全球的建筑奇观的风采。

最后告诉你一个小秘密,根据文献记载,世界上伟大的天文学家、物理学家同时也是数学家的伽利略,曾经在这座斜塔上丢掷大小不同的两个球,进行自由落体实验哦!

★ 量量看，如果∠A是5°，那么∠B是多少度？

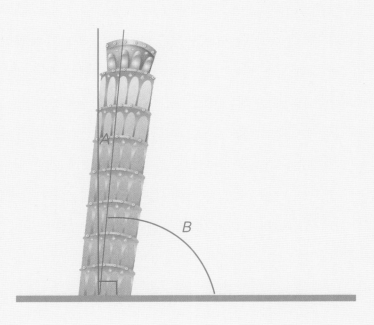

数学好好玩

　　东东班上举行生日会，老师将全班同学分成8组，每组发给一个圆形蛋糕，希望每一组切的块数都不一样，从中了解每块蛋糕的角度。但是要怎样切才能平均分成所要的块数呢？聪明的东东在老师一提出问题时就知道答案了，并且协助同学完成了这项作业。

　　你想知道东东是如何办到的吗？"数学好好玩"的时间到了，拿起笔来一起算算看，就能了解哦！

1

（1）第一组：平均分成2块

切法

∠A是（　　　　）°

（2）第二组：平均分成3块

切法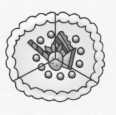

∠B是（　　　　）°

（3）第三组：平均分成4块

切法

∠C是（　　　　）°

（4）第四组：平均分成5块

切法

∠D是（　　　　）°

（5）第五组：平均分成6块

切法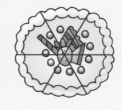

∠E是（　　　　）°

（6）第六组：平均分成8块

切法

∠F是（　　　　）°

（7）第七组：平均分成10块

切法

∠G是（　　　　）°

（8）第八组：平均分成12块

切法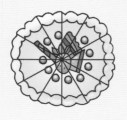

∠H是（　　　　）°

❷ 各组在切完蛋糕之后，老师问了以下问题，你也来回答看看。

（1）切的块数越多，每块蛋糕的角度就越（　　　）。

（2）大于0°而小于90°的角，我们叫作（　　　），上面的哪些角是锐角？

　　　答：角（　　　　　）

（3）等于90°的角，我们叫作（　　　），上面的哪个角是直角？

　　　答：角（　　　）

（4）大于90°且小于180°的角，我们叫作（　　　），上面的哪些角是钝角？

　　　答：角（　　　）

（5）平角是（　　　）°，上面的角（　　　）就是平角。

（6）比比看，谁的角度大？在大的角度对应的括号内画〇。

　　　a. ∠B　　　　∠E　　　b. ∠H　　　∠D
　　　（　　　）　（　　　）　　（　　　）　（　　　）

（7）利用量角器画出指定的角。

　　　a. 150°　　　　　　　　b. 25°

　　　c. 270°　　　　　　　　d. 75°

遇到大考验

1 如果使用放大镜看，平均分成3块蛋糕的∠B的角度是否会改变？

答：（   ）

2 东东早上7点起床。请问：7点的时候，分针和时针的夹角是几度？

（1）45°   （2）120°   （3）180°   （4）210°

答：（   ）

3 文具行卖的三角板通常都是一组两个，形状如下图所示，请你量量看，这两个三角板上的角度各是多少度？将答案填在（ ）里。

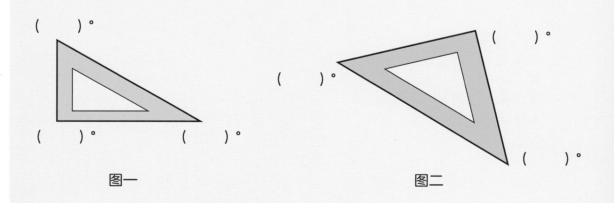

图一   图二

量完后，回答下面的问题。

（1）三角形的3个角合起来是（　　　）°。

（2）两个边都一样长的三角形，叫作（　　　）三角形，如图
　　　（　　　）。

（3）有一个直角的三角形，叫作（　　　）三角形，如图一和图
　　　（　　　）。

如果你觉得这个单元的知识学习起来有点困难，甚至难如登天，没关系，欢迎来这里加加油！花点时间复习以下概念，再继续前进！

★ 认识量角器、比较角的大小

终点加油站

如果你觉得这个单元的知识学习起来真是小意思，轻轻松松就能过关，那么加油站全体员工恭喜你！以下概念是你进阶挑战的参考目标！

★ 角的旋转程度与大小

★ 辨认各种四边形及其关系

6 廖县长与司马县长

很久以前，有一位姓廖的县长，他平时总是一边弹琴，一边把工作分派给手下去做，生活过得十分悠闲。人们看他总是轻松地处理各项工作，一点也不忙碌，而县内的工作却进行得十分顺利，人们过着幸福快乐的生活。

任期届满之后，廖县长卸下职务，改由司马县长继任，司马县长在任期间，也把工作做得很好，赢得了民众的拥戴。可是，司马县长的工作态度却和廖县长大大不同，他每天总是在天还没亮就出门到县府办公，一直到天都黑了，才拖着疲惫不堪的身子回家休息，所有事情都亲自处理，非常令人敬佩。

但是长时间下来，这样的工作方式却把司马县长累垮了。他感到非常困惑，为什么自己必须付出这么大的心力，才能把工作处理好，而以前的廖县长天天弹琴，却一样能处理得不错呢？对此，他心里很不平衡，决定亲自拜访廖县长问个清楚。

到了廖县长家，两人相互寒暄后，司马县长就说："先生，您每天只是弹弹琴，就能处理好全县的工作，而我却要早出晚归，辛苦工作，您有没有什么秘诀可以传授给我呢？"

廖县长回答："这也不是什么大秘密，只要懂得用人就行了。不管什么事情，只要每项工作用对了人，这些人就会帮你把事情都处理好，这样你就轻松了。如果你想大权一把抓，不信任手下的办事能力，什么事都自己来，那么，你肯定要累死啦！"

通过这个故事我们可以学习到，"知人善用"是身为领导者必修的功夫！

★ 算算看，如果下面是司马县长每天上下班的时间，请将正确的时间写出来。

1 上班时间（上午）

上午（　　　）时
（　　　）分

2 下班时间（下午）

下午（　　　）时
（　　　）分

3 从上班到下班，共经过（　　　）时（　　　）分。

 数学好好玩

　　学校的校庆运动会即将开展，各班同学不仅利用体育课加紧训练，放学后也经常抽空到操场练习，每个人都希望拿到好成绩，为自己和班级争取荣誉。

　　东东也不例外，这次运动会他代表班级参加了几项比赛，同学们都抱着高度的期待，希望每项比赛他都能脱颖而出。学校各办公室也在这次校庆中组织了一些活动，带动气氛。

　　你想知道东东的学校为校庆举办了哪些活动吗？他在活动中表现如何呢？"数学好好玩"的时间到了，拿起笔来一起算算看，就能了解哦！

❶ 为了配合校庆活动，教务处特别举办了书展活动，展期自12月8日开始，到12月22日结束。请问：共展出多少天？（把日期写下来）

❷ 语文教学组组织了猜谜语比赛，只要在250秒内猜对，就可获得奖品一份，东东花了2分50秒猜对，他可以得到礼物吗？

❸ 为了保证充分的睡眠，东东从晚上9时25分就上床睡觉，次日早上6时起床。请问：他睡了多久？

❹ 运动会预计需要7小时，如果从上午8时30分开始，那么何时会结束？（请用24时计时法和12时计时法两种方式表示）

❺ 运动会的开幕和各项表演节目共花了1小时15分钟，1小时15分钟和多少分钟的时间一样多？

❻ 东东参加100米赛跑，以下是该组选手花掉的时间。请问：东东跑第几名？

东东	峻贤	弘钧	恩嘉	冠忠
23 秒	25 秒	26 秒	30 秒	21 秒

❼ 从  到 是中午用餐休息时间。请问：用餐休息时间有多久？

❽ 东东和同学参加400米接力比赛，花了1分54秒，也可以说
是多少秒？

❾ 800米接力比赛，甲班用了3分23秒，乙班用了208秒，哪一班
跑得比较快？

❿ 运动会结束后，东东回到家时已经是下午  。请问：
再过几分钟就到18时？

❶ 趣味竞赛中的吹气球比赛，东东和雨涵将一个气球吹破所花的时间如下。

（1）东东花了（　　　）秒，雨涵花了（　　　）秒。

（2）（　　　）先把气球吹破。

❷ 将下表中的12时计时法换成24时计时法，将24时计时法换成12时计时法。

	12时计时法	24时计时法
（1）	上午 2时45分	（　　）时（　　）分
（2）	下午 3时3 分	（　　）时（　　）分
（3）	下午10时20分	（　　）时（　　）分
（4）	（　　）午（　　）时	6时
（5）	（　　）午（　　）时32分	17时32分
（6）	（　　）午（　　）时	24时

❸ 时钟上因为有时针和分针，所以我们能很方便地知道是几时几分。下面的时钟只有时针，没有分针，请你想一想它们各表示几时几分。

（1）

（2）

（3）

（4）

答：（1）（　　）时（　　）分　　（2）（　　）时（　　）分
　　（3）（　　）时（　　）分　　（4）（　　）时（　　）分

如果你觉得这个单元的知识学习起来有点困难，甚至难如登天，没关系，欢迎来这里加加油！花点时间复习以下概念，再继续前进！

★ 认识钟面
★ 认识各种时间用语以及单位间的关系

终点加油站

如果你觉得这个单元的知识学习起来真是小意思，轻轻松松就能过关，那么加油站全体员工恭喜你！以下概念是你进阶挑战的参考目标！

★ 时间的乘除计算

1 西撒故事的启示

❶ 用阿拉伯数字写写看。

（1）一亿写成（　　　　　　　　）。

（2）八千零五十一万四千零九写成（　　　　　　　　）。

❷ 读读看。

（1）70077007读作（　　　　　　　　）。

（2）10000000－10000=（　　　　　　　　　　），读作
（　　　　　　　　）。

❸ 填填看。

（1）999个一万和1个一万合起来就是（　　　　　　　　），和1
亿相差（　　　　　　　　）。

（2）47005632百万位上的数字是（　　　　　　　　），万位上
的数字是（　　　　　　　　），十位上的数字是
（　　　　　　　　）。

（3）1063万是（　　　　　　　）个千万、（　　　　　　　）
个百万、（　　　　　　　）个十万、（　　　　　　　）
个一万。

（4）80030000元可以写成（　　　　　）万元。

❹ 将下列的数由小到大排列出来。

（1）5067000，5600700，5006700

答：（　　　　　　　　）< （　　　　　　　　）<
　　　（　　　　　　　　）

（2）88888888+200，100000000-1，19999999

答：（　　　　　　　　）< （　　　　　　　　）<
　　　（　　　　　　　　）

（3）6000000，6000万，600000+1000000

答：（　　　　　　　　）< （　　　　　　　　）<
　　　（　　　　　　　　）

❺ 由 1，7，8，0，0，0，6，5 这8个数字所排成的八位数中，最大的数是（　　　　　　），最小的数是（　　　　　　），最大的数和最小的数相差（　　　　　　）。

❻ 想想看，A、B、C、D这4个数，哪一个数最大？

　　A. 670个十万和8个一万　　　　　　B. 67个百万和8个一万

　　C. 6708个一万　　　　　　　　　　D. 6个千万和708个一万

　　答：（　　　　　）

❼ 把一亿以内的数圈起来。

　　99999999　　　　100000001

　　87543000　　　　387650　　　　9

　　500050000　　　30405060

　　743025891　　　100000　　　　3765

❽ 算算看。

（1）一百元钞票有10000张，合起来是（　　　　　　　）元，读作
（　　　　　　　）元。

（2）一千元钞票有2000张，合起来是（　　　　　　　）元，读作
（　　　　　　　）元。

❾ 写出各位上的数字。

（1）57983200

千万位	百万位	十万位	万 位	千 位	百 位	十 位	个 位

（2）9005001

千万位	百万位	十万位	万 位	千 位	百 位	十 位	个 位

（3）8个一千万，4个十万，7个万，3个千，6个百，9个一合起来。

千万位	百万位	十万位	万 位	千 位	百 位	十 位	个 位

❿ 有一幅画，画中有8个鞋柜，每个鞋柜放有8双鞋，每双鞋上画
有8朵花，每朵花上有8片叶子，每片叶子上有8只毛毛虫。请
问：这幅画共有几只毛毛虫？

⓫ 算算以下算式，算出来的数字排列很奇妙啊！

$$21 \times 9 =$$

$$321 \times 9 =$$

$$4321 \times 9 =$$

$$54321 \times 9 =$$

$$654321 \times 9 =$$

$$7654321 \times 9 =$$

$$87654321 \times 9 =$$

$$987654321 \times 9 =$$

$$10987654321 \times 9 =$$

2 计中计

❶ 填填看。

（1）把1分成10等份，每等份是（　　　　　）【用分数表示】，也就是（　　　　　）【用小数表示】。

（2）把1分成100等份，每等份是（　　　　　）【用分数表示】，也就是（　　　　　）【用小数表示】。

（3）把0.1分成10等份，每等份是（　　　　　）【用分数表示】，也就是（　　　　　）【用小数表示】。

（4）（　　　　　）个 $\frac{1}{100}$ 和10个 $\frac{1}{10}$ 一样多。

❷ 写写看。

（1）$\frac{11}{24}$ 比 $\frac{23}{24}$ 少（　　　　　）个 $\frac{1}{24}$。

（2）1.73比0.92多（　　　　　）个0.01。

❸ 填一填。

（1）$\frac{5}{8}$ 的分母是（　　　　　），分子是（　　　　　）。

（2）0.45的个位数字是（　　　　　），十分位数字是（　　　　　），百分位数字是（　　　　　）。

❹ 涂涂看。

$\frac{3}{4}$圆

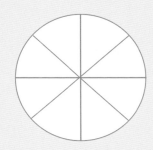

❺ 比比看，哪一个数较大？

（1）$\frac{3}{3}$，$\frac{50}{50}$　　　　（2）$2\frac{1}{12}$，$\frac{5}{3}$

答：（　　　　）　　　　　答：（　　　　）

（3）6.14，6.41　　　　（4）10.02，9.99

答：（　　　　）　　　　　答：（　　　　）

❻ 读读看。

（1）1.09读作（　　　　）。

（2）0.83读作（　　　　）。

❼ 将假分数化作带分数，将带分数化作假分数。

（1）$1\frac{11}{30}$＝（　　　　）　　　　（2）$3\frac{5}{9}$＝（　　　　）

（3）$\frac{61}{16}$＝（　　　　）　　　　（4）$\frac{12}{5}$＝（　　　　）

❽ 有甲、乙两个时钟，甲时钟每天慢0.2分钟，乙时钟每天快0.35
分钟。请问：10天后甲、乙两时钟共相差多少分钟？

❾ 有甲、乙、丙3个数，若甲＋乙＝$2\frac{3}{8}$，甲＋丙＝$3\frac{1}{8}$，那么乙和丙哪一个数较大？乙和丙两数相差多少？

❿ 下列各个分数是真分数、假分数还是带分数？

（1）$\frac{70}{70}$

答：（　　　　　）分数

（2）$9\frac{1}{2}$

答：（　　　　　）分数

（3）$\frac{54}{43}$

答：（　　　　　）分数

（4）$\frac{7}{15}$

答：（　　　　　）分数

⓫ 将一根木头锯成2段，每段长2.55米，每锯一次木头就会消耗掉1.5厘米。请问：这根木头原来的长度是多少厘米？

3 神童称大象

① 下面的物体各有多重？

（1）（　　　　）千克（　　　　）克

（2）（　　　　）克

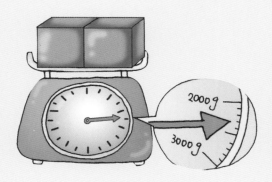 

（3）（　　　　）千克（　　　　）克

（4）（　　　　）克

❷ 看图回答问题。

（1）甲、乙、丙的重量，哪一个最重？哪一个最轻？

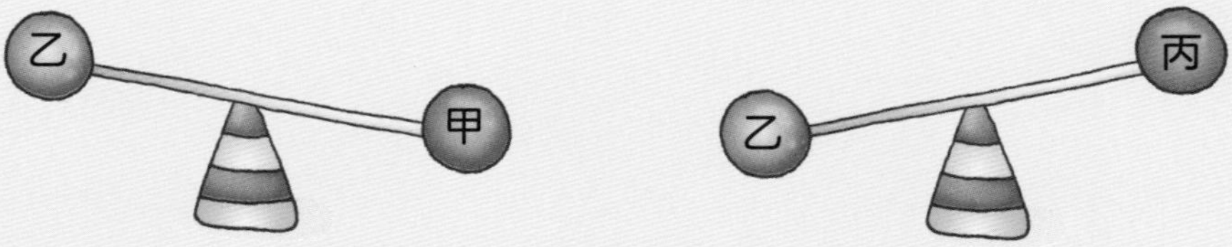

答：（   ）最重；（   ）最轻

❸ 想想看。

（1）1千克20克的棉花和1000克的铁块，哪一个较重？

答：（   ）

（2）900克的棉花和1千克的铁块，哪一个较重？

答.：（   ）

（3）1000克的棉花和1千克的铁块，哪一个较重？

答：（   ）

❹ 篮子中有6个桃子，共重1350克，如果篮子本身的重量是0.15千克，那么平均一个桃子重多少克？

❺ 比比看，在☐内填入＜、＝或＞。

（1）4.5千克－2.1千克☐2300克

（2）257克＋184克☐1千克－355克

（3）235克☐750克－515克

❻ 一包糖果重350克，一瓶汽水重1千克250克，3包糖果和2瓶汽水合起来的重量是多少克？也就是几千克几克？

❼ 一包盐重1千克375克，用去500克后，将剩下的盐装入重800克的瓶子中。请问：瓶子和盐合起来的重量是几千克几克？

❽ 厨房原有面粉1千克，妈妈做饭每次都用掉215克，用了4次后，面粉剩下多少克？

❾ 将3千克60克的绿豆平均分成9包，每包绿豆重多少克？

❿ 妈妈到市场买猪肉和羊肉各一块，只知道猪肉重4500克，而羊肉的重量超过2千克，但比猪肉轻。请问：羊肉的重量可能是多少？

甲，1千克900克

乙，4千克

丙，5400克

丁，2800千克

答：（　　　　　）

⓫ 甲、乙两人买糖，合起来共重100千克，如果甲给乙10千克后，甲还是比乙多10千克。请问：甲乙两人原来各买几千克的糖？

4 嫦娥奔月

❶ 选选看。

（1）甲的容量比乙小，乙的容量比丙大，那么甲和丙的容量哪一个大？

（　　　　）①甲　②丙　③不能比较。

（2）甲的容量比乙大，乙的容量比丙大，那么甲和丙的容量哪一个大？

（　　　　）①甲　②丙　③不能比较。

❷ 一杯红茶有650毫升，20杯红茶共有多少毫升？也就是多少升？

❸ 填填看。

（1）2.3升 =（　　　　）毫升

（2）1杯水果醋是100毫升，8杯水果醋是（　　　　）毫升，也就是（　　　　）升

（3）7300毫升 =（　　　　）升（　　　　）毫升

（4）4 升35毫升 =（　　　　）毫升

（5）10升9毫升 =（　　　　）毫升

❹ 比比看，在（　　　）中填入＜、＝或＞。

（1）6升（　　　　　）6000毫升

（2）7升（　　　　　）720毫升

（3）2升90毫升（　　　　　）2升9毫升

（4）5升（　　　　　）5500毫升

❺ 如果一个人喝掉的咖啡是300毫升，且每个人喝掉的咖啡都一样多，那么多少人合起来喝掉的咖啡会是2400毫升？

❻ 某校一至六年级共有25个班，如果每个班每次拖地的平均用水量是30升，每个班级一天拖地2次，那么该校在一天当中用于拖地的水量是多少升？

❼ 水桶原来装有15升的水，洗菜用掉5升900毫升后，水桶里还剩下多少毫升的水？

❽ 将甲、乙两个桶中的水倒到相同的小杯子里，甲可以倒10小杯，乙可以倒 8小杯。请问：哪一个桶中的水较多？答：（　　　）

❾ 一瓶色拉油用掉600毫升后，剩下2升800毫升。请问：这瓶色拉油原来有多少毫升？

⑩ 甲水龙头每分钟流水量是8升，乙水龙头每分钟流水量是15升，两个水龙头同时打开，并将水流至水池中。请问：9分钟后，水池里有多少升水？也就是多少毫升水？

⑪ 有一蓄水池每小时注入960升水，每分钟流掉4升的水。请问：该蓄水池每分钟增加多少毫升的水？

5. 比萨斜塔

❶ 旋转角度比直角大的打√。

(   )   (   )   (   )   (   )

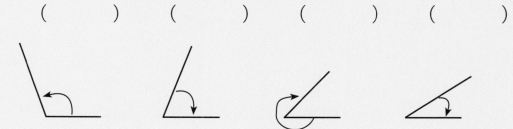

❷ 旋转角度比平角大的打√。

(   )   (   )   (   )   (   )

❸ 填一填。

（1）先转50°，再同方向转（   ）° 后，会得到110°
的角。

（2）逆时针旋转，第一次转30°，第二次转65° 后，会得到
（   ）° 的角。

（3）先顺时针转100°，再逆时针转回20°，最后会得到
（   ）° 的角。

（4）先顺时针转180°，再逆时针转回（   ）° 后，会
得到90° 的角。

（5）角度的大小和角边的长短有没有关系？ 答：（　　　　　）

❹ 量量看。

（1）（　　　　　）°　　　　（2）（　　　　　）°

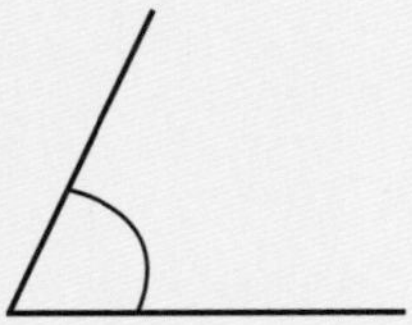

（3）先转（　　　）°，再转（　　　）°，共转了（　　　）°。

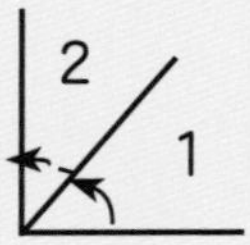

❺ 画画看。

　　（1）55°　　　　　　　　　　（2）135°

❻ 填一填。

（1）三角形的3个角合起来是（　　　）°，也就是合起来刚好是一个（　　　）角。

（2）一个三角形最多只能有（　　　）个直角，最少有（　　　）个锐角。

（3）正三角形是锐角三角形，因为它的每个内角都是（　　　）°。

❼ 下图中是直角三角形的，在相应的括号中打√。

（   　　 ）　　（   　　 ）　　（   　　 ）

❽ 下图中是等腰三角形的，在相应的括号中打√。

（   　　 ）　　（   　　 ）　　（   　　 ）

❾ 下图中是钝角的，在相应的括号中打√。

（   　　 ）　　（   　　 ）　　（   　　 ）

⑩ 算出∠甲和∠乙的度数。

答：（　　　　　）°　　　　　　答：（　　　　　　）°

⑪ 画一个边长3厘米、4厘米、5厘米的三角形，并判断它是何种三角形？

6 廖县长与司马县长

❶ 看图回答问题。

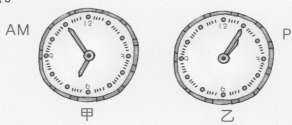

AM　　　　甲　　　　乙　　　　PM

（1）甲钟面是上午（　　　　　）时（　　　　　）分。

（2）乙钟面是下午（　　　　　）时（　　　　　）分。

（3）甲钟面的指针走到乙钟面指针的位置，要经过（　　　　　）
小时（　　　　　）分钟。

❷ 填填看。

（1）从今天上午1时到明天上午1时，共经过（　　　　　）小时，
相当于（　　　　　）日。

（2）从今天上午11时45分到今天下午11时45分，共经过
（　　　　　）小时。

（3）从今天上午 6 时30分，经过（　　　　　）小时（　　　　　）分
钟后是上午11 时。

（4）昨天下午12时，就是今天上午（　　　　　）时。

❸ 水力公司停水，从星期三18时开始连续停水12小时，算算看，会停到什么时候？

❹ 一根蜡烛从上午7时开始燃烧，到上午11时46分才全部烧完，那么将3根相同的蜡烛同时从上午7时开始燃烧，要到何时才能全部烧完？

❺ 如果现在是9时8分47秒，再过6分56秒会是几时几分几秒？

❻ 百货公司为庆祝周年庆，将营业时间改成从上午9时30分到下午10时30分。请问：一天的营业时间是几小时几分钟？

❼ 工人修路，预计需要25日才能完工，如果从5月10日开始施工，那么何时才能完工？

❽ 写写看。

（1）请用12时计时法表示电子表上的时间。

a. （　　　　）午（　　　　　）时（　　　　　　）分

b. （　　　　）午（　　　　　）时（　　　　　　）分

a. 18:29　　　b. 05:07

（2）请在电子表上用24时计时法表示下面的时间。

a. 上午10时10分　　　　b. 下午 2时32分

（　　　）:（　　　）　　　（　　　）:（　　　）

❾ 惠闵花了15分20秒做了20朵人造花，宝秀花了900秒也做了20朵人造花，谁花的时间较少？

⑩ 绕一圈圆形水池要2分45秒，绕5圈共需多少秒？

⑪ 时针和分针成一条直线（如下图所示）。请问：这是在几时的时候？

参考解答

（红色字是参考答案，黑色字是解题过程，仅供参考）

 1 西撒故事的启示

（第11~15页）

 现在就出发

★答：⑤

 数学好好玩

❶ 20万元

二十万元

解题：1万×20＝20万

❷

第1天：		1元
第2天：	1×2＝	2元
第3天：	2×2＝	4元
第4天：	4×2＝	8元
第5天：	8×2＝	16元
第6天：	16×2＝	32元
第7天：	32×2＝	64元
第8天：	64×2＝	128元
第9天：	128×2＝	256元
第10天：	256×2＝	512元
第11天：	512×2＝	1024元
第12天：	1024×2＝	2048元
第13天：	2048×2＝	4096元
第14天：	4096×2＝	8192元
第15天：	8192×2＝	16384元
第16天：	16384×2＝	32768元
第17天：	32768×2＝	65536元
第18天：	65536×2＝	131072元
第19天：	131072×2＝	262144元
第20天：	262144×2＝	524288元

❸ 第15天

❹ 324288元

三十二万四千二百八十八元

解题：在第20天这一天所付的钱是
524288元
每天给1万元，连续给20天
的总数是200000元
524288－200000＝324288

❺ 1048575元

一百零四万八千五百七十五元
848575元

解题：因为1＋2＋4＋8＋16＋32＋
64＋…＋524288＝1048575
所以20天中每天所付的钱加
起来是1048575元，而每天
给1万元，连续给20天的总
数是200000元，所以损失的
金额是1048575－200000
＝848575

 遇到大考验

❶ 第14天

解题：第1天到第13天共拿到8191
元，而第14天这一天拿到8192
元，所以第1天到第14天拿到
的总数是16383元，因此，到
第14天拿到的零用钱总数会超
过1万元（8191＋8192＝16383
＞10000）

❷ 第28天

解题：在第27天拿到的零用钱是
67108864元
在第28天拿到的零用钱是
134217728元
67108864＜100000000
134217728＞100000000

❸ 16777216元

2 计中计
（第18～23页）

❶ "一半"就是 $\frac{1}{2}$，它是真分数

❷ 因为2根的"一半"就是1根。兔子把1根胡萝卜留给大王，而大王又把这1根送还给他，因此能保住胡萝卜。

 数学好好玩

❶ $4\frac{1}{4}$ 瓶

解题：$1\frac{3}{4} + 2\frac{2}{4} = 3\frac{5}{4} = 4\frac{1}{4}$

❷（1）

（2）假分数

❸ $\frac{1}{6}$

❹ $1\frac{37}{100}$ 包

解题：$3 - 1\frac{63}{100} = 1\frac{37}{100}$

❺ 一样多

解题：$3\frac{2}{5} = \frac{3 \times 5 + 2}{5} = \frac{17}{5}$

❻（1）1，$\frac{1}{8}$

（2）5，$\frac{5}{8}$

（3）6，3

（4）51

❼ 5.76包

114颗

解题：$2.31 + 3.45 = 5.76$

$3.45 - 2.31 = 1.14$

$1.14 \times 100 = 114$

❽ 4.6箱

解题：$10.4 - 5.8 = 4.6$

❾ 4.7包

解题：$1.6 + 5.7 = 7.3$

$12 - 7.3 = 4.7$

❿ 6瓶

6000毫升

解题：$2.8 + 3.2 = 6$

$1000 \times 6 = 6000$

⓫

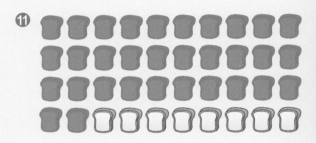

⓬ 0.7桶

解题：$3.6 - 2.9 = 0.7$

遇到大考验

❶ 3米

❷ $3\frac{3}{15}$（或 $3\frac{1}{5}$）

解题：$4\frac{14}{15} - 1\frac{11}{15} = 3\frac{3}{15}$

❸ 老大分得6匹马、老二分得3匹马、老三分得2匹马

解题：11＋1＝12（先借来1匹马成12匹）

因此

老大得 $12 \times \frac{1}{2} = 6$（匹）

老二得 $12 \times \frac{1}{4} = 3$（匹）

老三得 $12 \times \frac{1}{6} = 2$（匹）

合计 6＋3＋2＝11（匹）
（老大、老二、老三三人共分得11匹）

12－11＝1，剩下1匹还掉

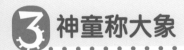

神童称大象

（第26～31页）

现在就出发

★将船上的石块搬下来，一一称出重量，等到所有的石头都称完，再将所有石头的重量加起来，就可以算出大象的重量。也就是说这些石头的总重量和大象的重量是一样的。

数学好好玩

◆（1）6
　（2）重

◆（1）1，重
　（2）2
　　a. 平衡
　　b. 不平衡，重

　（1）55
　（2）250

（3）2，2000
（4）2.4，2400
（5）2.5，2500
（6）2.5，2500
（7）会
（8）4，500
（9）0，100
（10）550
（11）1500，1，500
（12）1200

遇到大考验

❶（1）3，600
　（2）600
　（3）4，800

❷（1）35，200
　（2）1，100
　（3）88

❸ 原则：保持船的总载重量不超过136千克。

坐法：（1）第一次先让儿子和女儿二人同时渡河，再由儿子（或女儿）一人自己划船返回。

（2）第二次船夫自己一人渡河，再由女儿（或儿子）一人自己划船返回。

（3）第三次让儿子和女儿二人一起渡河，即可完成三人用同一艘船渡河的要求。

4 嫦娥奔月

（第34～39页）

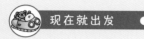

现在就出发

★（1）12
（2）6

数学好好玩

❶ 6，6000
（1）6000
（2）甲

❷ 1706，1，706
（1）1，706
（2）丁

❸（1）1950
（2）750
（3）2700，2.7

❹ 6000，1706，3000，4706，4706

❺ 2700，4706，2800，4606，4606

❻ 2303，0

遇到大考验

❶（1）10.8升
（2）900毫升
解题：（1）450毫升×24＝10800毫升
＝10.8升
（2）4－2＝2
450毫升×2＝900毫升

❷ 6000毫升
6升
解题：300毫升×20＝6000毫升＝6升

❸ 作法：（1）步骤一：将7升的量筒
装满，可得到
7升的水

倒入7升
的水

（2）步骤二：将7升的水倒
出3升到3升
的量筒中，剩
下4升的水

倒入
3升
的水

剩下4升

（3）步骤三：将3升量筒中
的水全部倒掉

全部倒掉

（4）步骤四：将7升的量筒
中剩下的4升
水再倒3升到
3升的量筒中，
最后就剩下
1升的水，即
为答案

再倒入
3升的
水

剩下1升

5 比萨斜塔

（第41～45页）

（第41～45页）

 现在就出发

★ 85°

数学好好玩

❶ （1）180　（2）120
　（3）90　（4）72
　（5）60　（6）45
　（7）36　（8）30

❷ （1）小
　（2）锐角，D、E、F、G、H
　（3）直角，C
　（4）钝角，B
　（5）180，A
　（6）a. ∠B　b. ∠D
　（7）a.

150°

　　b.

25°

　　c.

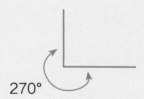

270°

　　d.

75°

 遇到大考验

❶ 不会

❷（ 4 ）

❸
（ 60 ）°

（ 90 ）°   （ 30 ）°

图一

（ 90 ）°
（ 45 ）°

（ 45 ）°

图二

（ 1 ）180
（ 2 ）等腰，二
（ 3 ）直角，二

6 廖县长与司马县长

（第48～53页）

现在就出发

❶ 5，55
❷ 8，30
❸ 14，35

数学好好玩

❶ 共15天
日期： 8 日 9 日 10 日 11 日
12 日 13 日 14 日 15 日

16日 17日 18日 19日
20日 21日 22日

❷ 可以得到礼物
解题：2分50秒 = 170秒
170＜250

❸ 8时35分
解题：12时 – 9时25分 = 2时35分
2时35分 + 6时 = 8时35分

❹ （ 1 ）24时计时法：15时30分结束
（ 2 ）12时计时法：
下午3时30分结束

解题： 8时30分 + 7小时
= 15时30分
15时30分 – 12时
= 3 时30分

❺ 75分钟
解题：1小时15分钟 = 75分钟

❻ 第二名
解题：时间越少的表示跑得越快

❼ 1小时35分钟（ 或95分钟 ）

❽ 114秒
解题：1分54秒 = 114秒

❾ 甲班快
解题：3分23秒 = 203秒
203＜208

❿ 37分钟
解题：18时 – 17时23分 = 37分钟

遇到大考验

❶ （1）25，18
（2）雨涵

❷ （1）2，45
（2）15，3
（3）22，20
（4）上，6
（5）下，5
（6）下，12

❸ （1）（6）时（0）分
（2）（4）时（30）分
（3）（12）时（0）分
（4）（7）时（30）分

进阶篇：手脑并用，熟能生巧

① 西撒故事的启示

（第54～57页）

❶ （1）100000000
（2）80514009

❷ （1）七千零七万七千零七
（2）9990000，九百九十九万

❸ （1）1000万，9000万
（2）7，0，3
（3）1，0，6，3
（4）8003

❹ （1）5006700，5067000，5600700
（2）19999999，88888888＋200，
100000000－1

（3）600000＋1000000，6000000，
6000万

❺ 87651000，10005678，77645322

❻ 一样大

❼ 99999999　100000001
87543000　387650　9
500050000　30405060
743025891　100000　3765

❽ （1）1000000，一百万
（2）2000000，二百万

❾ （1）

千万位	百万位	十万位	万位	千位	百位	十位	个位
5	7	9	8	3	2	0	0

（2）

千万位	百万位	十万位	万位	千位	百位	十位	个位
9	0	0	5	0	0	1	

（3）

千万位	百万位	十万位	万位	千位	百位	十位	个位
8	0	4	7	3	6	0	9

❿ 32768只
解题：$8 \times 8 \times 8 \times 8 \times 8 = 32768$

⓫
$21 \times 9 = 189$
$321 \times 9 = 2889$
$4321 \times 9 = 38889$
$54321 \times 9 = 488889$
$654321 \times 9 = 5888889$
$7654321 \times 9 = 68888889$
$87654321 \times 9 = 788888889$
$987654321 \times 9 = 8888888889$
$10987654321 \times 9 = 98888888889$

2 计中计

（第58~60页）

❶ （1）$\frac{1}{10}$，0.1
（2）$\frac{1}{100}$，0.01
（3）$\frac{1}{100}$，0.01
（4）100

❷ （1）12
（2）81

❸ （1）8，5
（2）0，4，5

❹
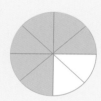

❺ （1）一样大
（2）$2\frac{1}{12}$
（3）6.41
（4）10.02

❻ （1）一点零九
（2）零点八三

❼ （1）$\frac{41}{30}$
（2）$\frac{32}{9}$
（3）$3\frac{13}{16}$
（4）$2\frac{2}{5}$

❽ 5.5分
解题：每天相差0.2 + 0.35 = 0.55（分）
0.55 × 10 = 5.5

❾ （1）丙较大
（2）$\frac{6}{8}$（或$\frac{3}{4}$）
解题：因为$3\frac{1}{8} > 2\frac{3}{8}$
所以丙较大
$3\frac{1}{8} - 2\frac{3}{8} = \frac{6}{8}$（或$\frac{3}{4}$）

❿ （1）答：（假）分数
（2）答：（带）分数
（3）答：（假）分数
（4）答：（真）分数

⓫ 511.5厘米
解题：2.55 + 2.55 = 5.1米
= 510厘米
510 + 1.5 = 511.5厘米

3 神童秤大象

（第61~64页）

❶ （1）2，300
（2）95
（3）3，200
（4）750

❷ 甲，丙

❸ （1）棉花
（2）铁块
（3）一样重

❹ 200克
解题：0.15千克 = 150克
1350 − 150 = 1200
1200 ÷ 6 = 200

❺ （1）>
（2）<
（3）=

6 3550克
3千克550克
解题：$350 \times 3 = 1050$
$1250 \times 2 = 2500$
$1050 + 2500 = 3550$
3550克 = 3千克550克

7 1千克675克
解题：1千克375克 = 1375克
$1375 - 500 = 875$
$875 + 800 = 1675$
1675克 = 1千克675克

8 140克
解题：$215 \times 4 = 860$
$1000 - 860 = 140$

9 340克
解题：3千克60克 = 3060克
$3060 \div 9 = 340$

10 乙

11 甲65千克、乙35千克
解题：$10 + 10 + 10 = 30$
$100 - 30 = 70$
$70 \div 2 = 35$
$35 + 30 = 65$

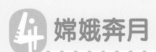 嫦娥奔月

（第65～68页）

1 （1）③
（2）①

2 13000毫升
13升
解题：650毫升 × 20 = 13000毫升
= 13升

3 （1）2300
（2）800，0.8
（3）7，300
（4）4035
（5）10009

4 （1）=
（2）>
（3）>
（4）<

5 8个人
解题：$2400 \div 300 = 8$

6 1500升
解题：$30 \times 25 = 750$
$750 \times 2 = 1500$

7 9100毫升
解题：15升 = 15000毫升
5升900毫升 = 5900毫升
$15000 - 5900 = 9100$

8 甲

9 3400毫升
解题：2升800毫升 = 2800毫升
$2800 + 600 = 3400$

10 207升
207000毫升
解题：$8 + 15 = 23$
$23 \times 9 = 207$升 = 207000毫升

11 12000毫升
解题：$960 \div 60 = 16$
$16 - 4 = 12$
12升 = 12000毫升

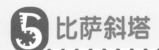

比萨斜塔

（第69～72页）

1 (√) ( ) (√) ( )

2 ( ) (√) ( ) (√)

3 （1）60
（2）95
（3）80
（4）90
（5）没有关系

4 （1）110
（2）65
（3）50，40，90

5 （1）

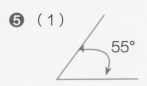

55°

（2）

135°

6 （1）180，平
（2）1，2
（3）60

7

(√) ( ) ( )

8

( ) ( ) (√)

9

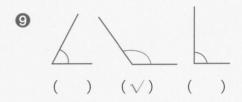

( ) (√) ( )

10 45，60

11

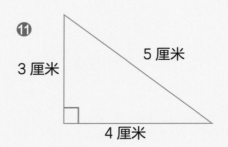

5 厘米

3 厘米

4 厘米

直角三角形

廖县长与司马县长

（第73～76页）

1 （1）6，55
（2）1，5
（3）6，10

2 （1）24，1　　（2）12
（3）4，30　　（4）0

3 星期四上午6时
解题：18 + 12 = 30
　　　30 - 24 = 6

4 上午11时46分

5 9时15分43秒
解题：9时8分47秒 + 6分56秒
　　　= 9时15分43秒

6 13小时0分钟

解题：12时－9时30分＝2时30分

2时30分＋10时30分＝13时

7 6月3日完工

解题：31－9＝22

25－22＝3

8 （1）a. 下，6，29

b. 上，5，7

（2）a. 10：10

b. 14：32

9 宝秀

解题：15分20秒＝920秒

920秒＞900秒

10 825秒

解题：2分45秒＝165秒

165×5＝825秒

11 上午6点**或**下午6点（18点）

版权贸易合同登记号　图字：01-2018-7635

图书在版编目（CIP）数据

数学可以这样学. Ⅳ，数学摩天轮/沙永玲主编；陈文炳著；胡瑞娟绘. —北京：电子工业出版社，2019.11

ISBN 978-7-121-37378-7

Ⅰ.①数…　Ⅱ①沙…　②陈…　③胡…　Ⅲ.①数学—少儿读物　Ⅳ.①O1-49

中国版本图书馆CIP数据核字（2019）第199753号

责任编辑：刘香玉
特约编辑：刘红涛
印　　刷：北京尚唐印刷包装有限公司
装　　订：北京尚唐印刷包装有限公司
出版发行：电子工业出版社
　　　　　北京市海淀区万寿路173信箱　邮编：100036
开　　本：787×1092　1/16　印张：27.5　字数：523.2千字
版　　次：2019年11月第1版
印　　次：2019年11月第1次印刷
定　　价：149.00元（全5册）

凡所购买电子工业出版社图书有缺损问题，请向购买书店调换。若书店售缺，请与本社发行部联系，联系及邮购电话：（010）88254888，88258888。

质量投诉请发邮件至zlts@phei.com.cn，盗版侵权举报请发邮件至dbqq@phei.com.cn。

本书咨询联系方式：（010）88254161转1826，lxy@phei.com.cn。